Programmation C

Dernier guide étape par étape pour

apprendre rapidement la

programmation en C

Sommaire

Chapitre 1

Introduction et installation

Histoire de C

C est un langage de programmation général, dont le concept apparu en 1972. Le principal développeur de C était Dennis Ritchie. L'origine de C est étroitement reliée à la création d'Unix OS.

Dans ce tutoriel, nous verrons les bases de C jusqu'au niveau intermédiaires. Ce guide est créé pour attirer les débutants à découvrir les langages de programmation.

Lancer C sur Windows

Lancer C sur Windows peut se faire avec Visual Studio 2015. Visual Studio peut être téléchargé directement depuis Microsoft, à travers le processus d'installation C++ doit être sélectionné comme langage. Le menu devrait ressembler à ceci :

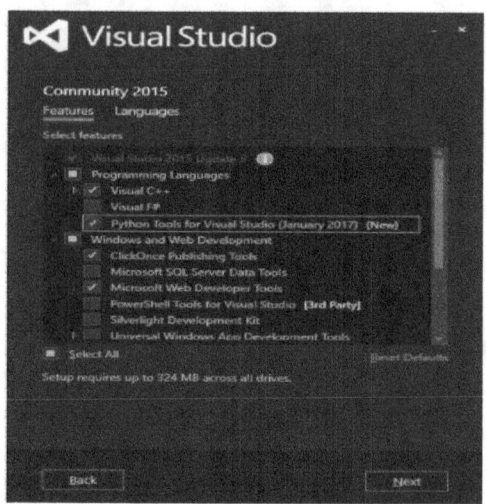

Après cela sélectionnez « Visual C++ » pour installer entièrement le programme.

Vous devriez charger Visual Studio et après aller dans le dossier -> New Project et vous rencontreriez une fenêtre Windows comme celle-ci

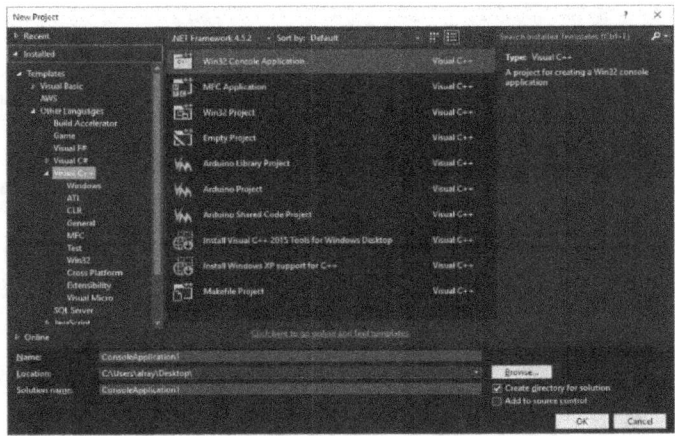

Sélectionnez « Win32 Console Application » et cliquez sur OK

Quelques menus devraient apparaître, suivez-les avec les sections surlignées. (Les boîtes tixs surlignées doivent être *décochés*) :

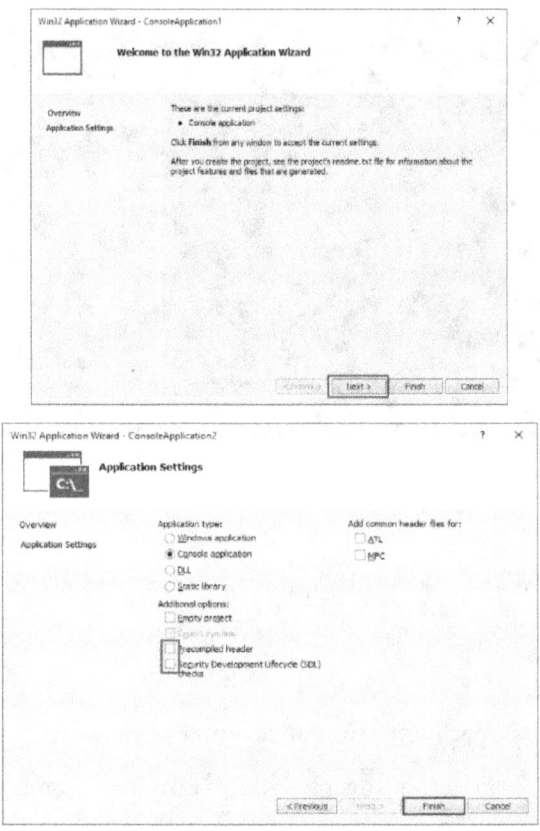

Lorsque le modèle du programme charge vous devriez remarquer qu'on ne vous a pas fourni un environnement C mais C++, vous devez le convertir en C :

Aller dans « Solution explorer » et ouvrez le menu de « Solution Explorer ».

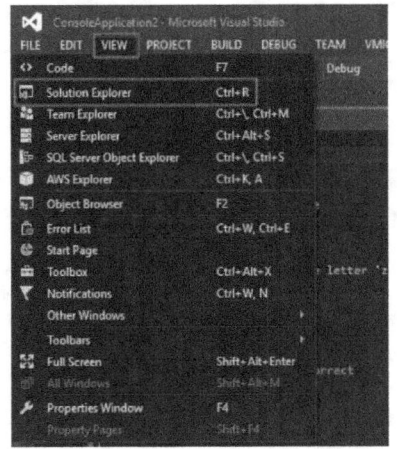 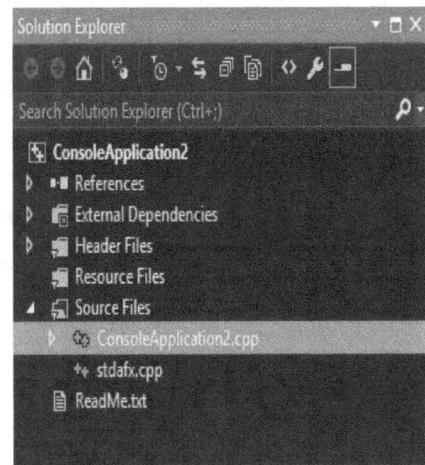

Faites un clic droit sur **.cpp** file et cliquez sur « Propriétés ».

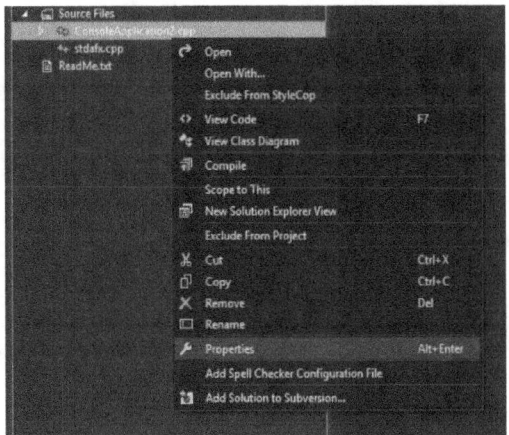

Un menu devra apparaître, déroulez le menu **C/C++** , allez dans
« Avancé », cherchez la section « **Compile As** » et sélectionnez depuis
menu drop down « **Compile as C Code (/TC)** »

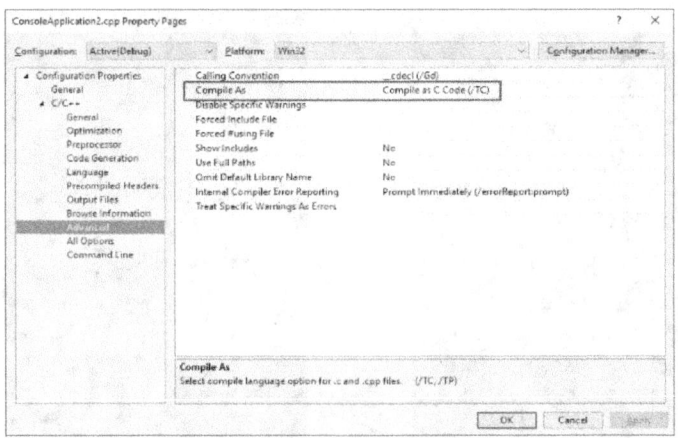

Le code est maintenant prêt à être lancé. Lorsque le code que vous vous voulez compiler est lecteur cliquez sur la flèche verte sur le menu du haut pour exécuter votre application de console.

Lancer C sur Linux

Développez un code basique sur Linux est relativement simple, tout d'abord vous aurez besoin d'un compiler *« gcc »* si vous n'en avez pas lancer l'installation :

```
apt-get install gcc-5
```

La prochaine étape est de créer un programme, ouvrez un text pad programme (Leafpad dans ce cas) , utilisez ce programme basique à des fins de test :

```
#import <stdio.h>

int main()
{
    printf("Hello, World!\n");

    return 0;
}
```

Sauvegardez ce dossier avec l'extension.**c**.

Pour compiler et utiliser ce programme vous devriez utiliser *gcc* comme ceci :

```
gcc -o <OutputProgramName> <C_FileName>
```

Où :

OutputProgramName est le nom de l'exécutable que vous voulez.

C_FileName est le nom de votre dossier C

Pour lancer ce programme tapez juste the nom de l'exécutable suivie de
« ./ »

```
./<OutputProgramName>
```

Lancer C sur Mac

Lancer C sur Mac est relativement simple, ouvrez le terminal et lancer

```
clang --version
```

Clang est un compiler construit par Apple et qui interagit avec tous les
aspects de tous les aspects de la traduction du code en code machine (1
et 0).

Commencez sur votre Notepad, écrivez votre C code en utilisant ceci
pour commencer :

```
#import <stdio.h>
int main()
{
```

```
    printf("Hello, World!\n");


    return 0;

}
```

Sauvegardez ce code avec l'extension **.c**

Ouvrez le terminal dans le dossier ou vous avez sauvegardé le dossier .c et tapez :

```
make <filename>.c
```

Ou le nom du dossier est le nom du dossier que vous avez sauvegardé. Pour lancer ce code tapez :

```
./<filename>.c
```

Lancer C en ligne

L'une de mes favorites IDE en ligne est
https://www.codechef.com/ide , cela fournit un endroit propre pour produire un code.

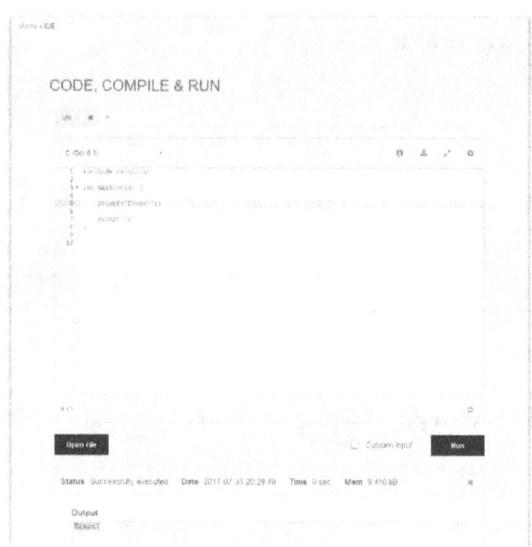

Prérequis

A travers ce guide vous verrez des extraits de codes disséminés un peu partout. Il y aura quelques points à développer pour que vous puissiez tirer meilleur parti de ce tutoriel :

Commentaires :

Les commentaires dans les codes sont signalés par « // » et la couleur verte, ils sont ignorés par l'ordinateur et commenter est une partie importante pour garder les codes d'ordinateurs lisibles et facile à entretenir. Les codeurs débutants ont tendance à se débarrasser des commentaires mais le regrettent plus tard, ne soyez pas ce programmeur.

16

Structure de base

Il y a aussi une structure de base requise d'un programme C, cette structure est ci-dessous :

```c
#include <stdio.h>

int main()
{
        //Code goes here
}
```

C'est la structure pour lancer votre programme C, ne vous inquiétez pas nous apprendrons ce que cela signifie.

Chapitre 2

Building Blocks

Variables et types

Les bases d'un programme sont les données, dans la forme de nombres et caractères. Le stockage, la manipulation et l'output de ces données donnent les fonctionnalités. Les variables contiennent ces données, pensez-y comme une boîte utilisée pour stocker un seul élément.

C est un langage fortement typé, où chaque variable doit avoir un type défini. Un type est un mot clé identifiant qui définit ce que la variable peut contenir. Le premier type que nous croiserons est l'intégreur, ceci peut contenir de vrais nombres (nombres sans décimales), un intégreur est défini ci-dessous :

```
int integerName = 3;
```

- **int** est le mot clé définit, nous apprendrons les différentes possibilités plus tard.

- « **integrerName** » est l'identité pour la variable, cela peut être tout ce que vous voulez l'appeler, c'est utilisé pour permettre à une variable d'avoir un nom avec du sens, la variable pourrait être défini comme « **int pineapple=3 ;** », mais il est bon de s'entraîner pour les rendre pertinents. Cependant, il y a quelques explications à ceci, par exemple ne peut pas être qu'un seul chiffre ex : « 4 » ou ne peut contenir des caractères spéciaux (!"£$%^&*) etc.

- « **=3 ;** » est la section d'affectation, ou les valeurs de 3 sont placées dans la boîte intégreur pour l'utiliser plus tard. **Cela se termine également par un point-virgule, ce qui est utilisé pour signifier la fin d'une ligne.**

  Cette variable peut maintenant être utilisé dans des zones valides du programme comme ceci :

```
int newInteger = integerName
```

La valeur de l'**integrerName** ne change pas comme il vient d'être copié et placé dans **newInteger**.

String

Le String est une autre variable qui est cruciale, ce type de variable est utilisé pour stocker une série de caractères, un exemple pourrait être le mot « batman », le mot est composé de caractères qui sont stockés dans la variable String. C'est un étalage de caractères (plus d'étalages plus tard) mais effectivement ce sont les seuls caractères du mot stockés les uns à côté des autres dans la mémoire. Le « '\n » est un caractère spécial qui signifie une nouvelle ligne.

```
char word[] = "dog\n";

//And it can be used and printed it like so:
printf(word);
```

Boolean

Les Booleans sont utilisés comme expressions, leur valeurs ne peuvent être que **vraie (1)** ou **fausse (0)** et sont utilisés pour signifier certains états ou prévenir de certains évènements, ils peuvent aussi contenir le résultat pour exprimer une condition (plus sur les expressions de conditions plus tard). Cela aura plus de sens lorsque nous verrons les déclarations de conditions.

```
_Bool falseIsDetected = 0; //False

_Bool trueIsDetected = 1; //True
```

Float/Double

Les variables à virgule sont des valeurs décimales crées avec des mathématiques de précision de point de flottement, l'élément technique de comment ceci fonctionne sont en dehors de la portée de ce tutoriel, mais peuvent facilement être expliquées à travers des ressources sur Internet, cherchez « floatting point précision ». Les flottements permettent un niveau plus haut de précision d'une valeur en fournissant une précision à la décimale près. Vous pouvez spécifiez une valeur « float » en plaçant un 'f' à la fin de la valeur.

```
float decimalValue = 3.0f;
```

Void

Cette donnée est spéciale et est utilisée pour spécifier que la valeur n'est pas disponible. Cela semble intuitif mais nous verrons son utilisation plus tard.

Notable keywords/terms

const- Ce mot-clé transforme la variable en lecture seule, ce qui signifie que sa valeur ne peut pas être modifiée après son initialisation. Le mot-clé est utilisé comme ceci :

```
const float pi = 3.14f;
```

Global variable – ce est terme décrit une définition de variable en dehors des fonctions principales. Par exemple, le **int** friendCount est une variable globale et le **int** currentMonth ne l'est pas. Notez la position ou ils sont définis :

```
//Global
int friendCount = 0;
int main()
{
        //Not Global
        int currentMonth = 5;
}
```

Ce qui signifie que la variable globale peut être utilisé dans n'importe quel lieu dans le programme et peut être dangereuse si elle n'est pas utilisée correctement. Une façon correcte de s'en servir est de l'utiliser dans les conjonctures avec le mot clé **const** ci-dessus, ce qui signifie que les fonctions ne peuvent que se référencer la valeur et ne pas la modifier.

<u>Recap</u>

- int   Contient de vrais nombres

- float / double Contient des nombres décimales

- void   Spécifie qu'il n'y pas de type

- boolean   Contient soit vrai ou faux

- string   Un étalage de caractères créeant un mot ou une phrase

- global   Une variable qui peut accéder n'importe ou

- const   Signifie qu'après qu'une variable a été initialisée sa valeur ne peut être modifiée.

Opérations arithmétiques

Symbol	Use
+	int result = 1 + 2;
-	int result = 1 – 2;
/	float result = 1 / 2; (This is stored in a float because of the decimal)
*	Int result = 1 * 2;
%	Modulus operator returns the remainder of a division int remain = 4 % 2;

Conditions

Comparer des valeurs à d'autres valeurs de manière significative est fondamental pour les instructions conditionnelles, ci-dessous est une liste de comparaisons de valeurs.

Name	Symbol	Detail
Greater than	>	Renvoie vraie si le côté gauche est plus large que le droit
Greater than or equal than	>=	Renvoie vraie si le côté gauche est plus large ou égal au droit
Less than	<	Renvoie vraie si le côté gauche est plus petit que le droit
Less than or equal than	<=	Renvoie vraie si le côté gauche est plus petit ou égal au droit
Equal	==	Deux signes égal sont utilisés pour comparer la valeur de chaque côté et renvoie vrai si équivalent
Not Equal	!=	Renvoie vrai si les valeurs ne sont pas équivalentes.

La liste de conditions ci-dessus peut être utilisé dans certaines circonstances pour contrôler le flux du programme.

Si déclaration

Il y a des situations où vous avez besoin que quelque chose se produise si une certaine condition est le cas, c'est le rôle de l'instruction If et où les instructions conditionnelles entrent dans le mélange.

```
if (Condition)

{

    //Code will run here if Condition is True
}

//If the condition is false, the If statement is ignored and the program
jumps here
```

Un exemple réel de mot :

```
int compare = 10;

if (compare > 5)

{
    //printf() will print the string in the brackets

    printf("Code here will run!");
```

```
}
```

Output:

> Code here will run!

Ceux-ci permettent à un programmeur de contrôler le déroulement du programme et de choisir les situations qui se produiront lorsqu'une possibilité est vraie, nous verrons d'autres exemples plus tard.

Déclaration Else

Else sont optionnels mais dans ce cas peuvent être ajouter à la fin d'une déclaration si et sera lancé seulement si la déclaration si est fausse.

```
if (Condition)
{
    //Code will run here if Condition is True
}
else
{
    //Code will run here if Condition is False
}
```

Les déclarations Else peuvent aussi devenir une déclaration else/if où une nouvelle déclaration if est attachée, comme ceci :

```
if (Condition1)
{
    //Code will run here if Condition1 is True
}
else if(Condition2)
{
    //Code will run here if Condition1 is False and Condition2 is True
}
//If neither are true no code will run
```

Vous pouvez aussi enchainer une autre déclaration else sur une déclaration else créant une chaîne infinie. Si n'importe quelles conditions le long de chaîne est vraie, celle ci-dessous ne seront pas vérifiées. Je vais vous le démontrer ci-dessous.

```
int main()
{
        _Bool false = 0;
        _Bool true = 1;

        if (false)
        {
```

```
                printf("Condition 1");
    }
    else if (true) //This condition is true!
    {
            printf("Condition 2");
    }
    else if (true) //Ignored, due to previous else statement being
true
    {
            printf("Condition 3");
    }
    else if (true) //Also ignored due to condition 2 being true
    {
            printf("Condition 4");
    }
}
```

Output

> Condition 2

Après que le corps de la condition 2 soit sorti et que la déclaration **printf** est exécutée, le programme ne va pas aller vérifier les autres déclarations else.

Exercice

Créer un programme qui imprime si une valeur est plus grande ou plus petite qu'une autre, utilisez ce squelette ci-dessous le programme pour vous aider à démarrer.

Donc dans ce cas, cela devrait imprimer « La valeur 1 est plus grande » (Note : utilisez **printf()** pour imprimer)

```c
#include <stdio.h>

int main()
{
        //Values you change
        int value1 = 10;
        int value2 = 5;

        //PUT CODE HERE
}
```

Solution

La solution devrait ressembler à cela :

```c
#include <stdio.h>

int main()
{
        //Values you change
```

```
int value1 = 10;
int value2 = 10;


if (value1 == value2)
{
        printf("Values are equal!");
}
else if (value1 > value2)
{
        printf("Value 1 is bigger!");
}
else
{
        printf("Value 2 is bigger!");
}
}
```

Modifiez juste les valeurs de valeur 1 et valeur 2 avant de lancer le programme pour le tester.

Utiliser de multiples conditions

Vous pouvez utiliser plus d'une condition dans une seule déclaration, il y a deux manières de le faire, **AND** est symbolisé par **&&** et **OR** par **||** (Double barre verticale)

AND vérifie si les deux conditions sont vraies avant d'enclencher le corps de la déclaration.

```
if (Condition1 && Condition2)
{
    //Code will run here if Condition1 AND Condition2 are True
}
```

OR vérifie si une des conditions est vraie avant d'enclencher le corps de la déclaration.

```
if (Condition1 || Condition2)
{
    //Code will run here if Condition1 OR Condition2 are True
(Works if both are true)
}
```

Recap

- Déclaration if Traite avec les déclarations de conditions, code dans son corps s'exécutera si la condition est vraie

- Déclaration else   Utilisée comme une extension pour une déclaration qui est seulement vérifiée si la déclaration est fausse

- &&　　　　　Utilisé pour assembles deux conditions et qui ne reviendra que si les deux sont vraies

- || (Double Barre)　　Utilisé pour assembler deux conditions et ne reviendra que si l'une des conditions est vraie

Switch-Case

Les Switch cases sont utilisés pour tester une variable pour l'égalité avec une expression constante sans avoir besoin de plusieurs instructions if. Une utilisation pour cette structure est de vérifier la chaîne d'entrée des utilisateurs. Voici la structure de base de l'interrupteur :

```
//Switch-Case
switch (expression)
{
//Case statement
case constant-expression:
        break; //Break isn't needed

//Any number of case statements
// |
// |
//\ /
// .
```

```
default:
        break;
}
```

Les switches commencent avec une « expression », c'est la variable qui doit être comparée aux 'expressions-constantes', ces constantes sont les valeurs littérales de la variable telles que '1' ou 'Z'. Les ruptures sont facultatives mais sans elles, le code va « couler » vers d'autres instructions. Il y a un exemple ci-dessous en utilisant une instruction switch-case, l'utilisateur entre un caractère si le caractère est N ou Y, 'Non' et 'Oui' sont sortis respectivement mais il y a un cas par défaut qui s'applique à toutes les situations, cela doit être à la fin.

```
char character;

//Reads in user input (Explained in more detail later)
scanf("%s", &character);

        //Switch-Case
switch (character)
{
        case 'N':
                printf("NO\n");
```

```
                    break;
        case 'Y':
                    printf("YES\n");
                    break;
        default:
                    printf("Do not understand!\n");
                    break;
}
```

S 'il n'y a pas de déclaration **break** un « écoulement » arrivera, ci-dessous un exemple comme ci-dessus sans la déclaration break et nous verrons que la sortie est comme ceci :

```
char character;

//Reads in user input (Explained in more detail later)
scanf("%s", &character);

//Switch-Case
switch (character)
{
        case 'N':
                    printf("NO\n");
```

```
        case 'Y':
                printf("YES\n");
        default:
                printf("Do not understand!\n");
}
```

Si « N » est l'utilisateur input, l'Output sera :

```
>NO
>YES
>Do not understand!
```

En effet, lorsqu'une instruction case est déclenchée, elle se poursuit jusqu'à ce qu'une instruction break arrête d'exécuter le code du corps de requête.

Itération

L'itération signifie boucler, et la boucle donne rapidement aux programmes la capacité d'effectuer beaucoup d'opérations similaires très rapidement, il y a deux types d'itération : 'for loops' et 'while loops / do-while loop'

Boucle For

La boucle for est dotée d'une valeur de fin et boucle jusqu'à cette valeur, tout en gardant une trace du numéro de boucle sur lequel elle est actuellement, voici un exemple ci-dessous :

```
for(int x = 0; x > 10; x++)
{
    printf("Looped!");
}
```

```
for(int x = 0; x > 10; x++)
```

Chaque partie possède un rôle dans la boucle for.

Red

C'est la section de déclaration pour définir la variable de compteur de boucle, cela définit le point de départ du compteur

Green

Cette section est appelée Conditions et contient une déclaration de condition qui est vérifiée à la fin de la boucle pour voir si la déclaration if devrait continuer sa boucle, dans ce cas la boucle devrait continuer à tourner si **x>10**, si cette condition devient fausse la boucle devrait s'arrêter.

La déclaration bleue est la section *Increment* où le compteur de boucle est incrémenté (valeur augmentée), le x ++ est un raccourci pour x = x + 1. Cela peut aussi être x--, s'il y avait un cas nécessitant une diminution du compteur.

- La section déclaration définit le compteur de boucle

- La section condition continue à faire tourner la boucle si elle est vraie

- La section incrément est le lieu ou le compteur de boucle est incrémenté.

Boucle de condition

Les boucles de conditions fonctionnent comme les boucles normales mais n'ont pas de compteur de boucle et ne tourneront que si la condition est vraie. Ce qui signifie que vous pouvez créer une boucle infinie de cette manière :

```
while (TrueCondition)
{
```

```
        printf("This will not stop looping");
}
```

Note :

Une boucle infinie est normalement construite en un utilisant une boucle naked for :

```
for(;;)
{
        printf("This will also never stop looping");
}
```

Cette boucle ne se terminera jamais et votre programme sera coincé dans cette boucle.

L'exemple ci-dessous montre si la condition est fausse le programme n'atteindra jamais le code entre parenthèse.

```
while (FalseCondition)
{
        printf("This code will never run");
}
```

Pour utiliser cette boucle de manière effective, vous pouvez utiliser une déclaration de condition (comme une déclaration if par exemple) ou vous pouvez utiliser une variable bool, comme montré ci-dessous :

```
int count = 0;
while (count > 10)
{
    printf("loop");

    //Remember this, it's the same as "count = count + 1;"
    count++;
}
```

Comme cela est dit ci-dessus, vous pouvez aussi utilisez une boucle pendant directement avec une variable Boolean :

```
int count = 0;
_Bool keepLooping = 1; //Bool is true (1) is true
while (keepLooping)
{
    printf("loop\n");

    //Remember this, it's the same as "count = count + 1;"
    count++;
```

```
    if(count == 3)
    {
        keepLooping = 0; //keepLooping is now false, and the loop
will stop
    }
}
```

Ceci est très similaire au fonctionnement d'une boucle for, mais il est important de comprendre les différentes utilisations pour une boucle while.

Note :

La section dans les parenthèses de la boucle while est vérifiée si cette condition est vraie, vous pouvez aussi écrire :

```
while(!stopLooping) {}
```

C'est effectivement dire, continuez à boucler alors que stopLooping est "pas vrai", le "!" ce symbole signifie "non".

Do-While

Une boucle Do-While est presque la même chose qu'une boucle while mais avec une petite différence, elle vérifie si la condition est vraie après avoir exécuter le code dans le corps de la boucle, une boucle while vérifie si la condition est vraie avant d'exécuter le corps. L'extrait du code ci-dessous montre la différence :

```
_Bool falseCondition = 0;


while(falseCondition)

{

    printf("While Loop\n");

}



do

{

    printf("Do Loop\n");

} while(falseCondition)
```

Même si le Boolean est faux, la boucle Do a été exécutée une seule fois car la vérification était à la fin du corps.

Utilisé une Do-Loop

Un exemple concret de do-loop cool vérifie la saisie par l'utilisateur, il imprime et demande une entrée si tout va bien il n'y a pas besoin de boucler sinon il va boucler. Un exemple de recherche de l'utilisateur pour entrer un «z» est ci-dessous

```c
#include <stdio.h>
int main()
{
        //Will loop if this is false
        _Bool correct = 1;
        do
        {
                printf("Please enter the letter 'z': ");
```

```c
    //Takes in user input
    char z;
    scanf("%s", &z);

    //Checks if answer is correct
    if (z != 'z')
    {
            //Incorrect
            correct = 0;
            printf("Incorrect!\n");
    }
    else
    {
            //Correct
            correct = 1;
    }
} while (!correct);

//If the user has completed the task
printf("Correct!");
}
```

Loop control keywords

Parfois il y a des situations ou vous voulez stopper prématurément la boucle entière ou une seule itération (loop), c'est ici que la boucle de contrôle de mot clé intervient.

Vous pouvez avoir soit un **break** ou **continue** mot clé :

Break- Stoppera la boucle entière, cela peut être utilise si la réponse a été trouvé et que les reste des itérations planifiées serait inutiles.

```
for (int x = 0; x < 5; x++)
{
        if (x == 3)
        {
                break;
        }

        //The technicalities of this statement will be explained later
        printf("Loop value: %d", x);
}
```

Output:

> Loop value: 0

> Loop value: 1

> Loop value: 2

44

Maintenant si le code est modifié pour ne pas inclure de break :

```
for (int x = 0; x < 5; x++)
{

        //The technicals of this statement will be explained later
        printf("Loop value: %d", x);


}
```

Output:

> Loop value: 0

> Loop value: 1

> Loop value: 2

> Loop value: 3

> Loop value: 4

Continue- si nous utilisons le code ci-dessus mais en le remplaçant par un **continue** le code ressemblerait à ceci :

```
for (int x = 0; x < 5; x++)
{
        if (x == 3)
        {
                continue;
        }


        //The technicals of this statement will be explained later
        printf("Loop value: %d", x);
}
```

L'output ressemblerait à cela :

Output:
> Loop value: 0

> Loop value: 1

> Loop value: 2

> Loop value: 4

Cela montre que lorsque **x=3** le **continue** est exécuté et la boucle est sautée, ainsi la déclaration **printif** est aussi esquivée, il n'y a donc pas « Loop value :3 »

Nested Loops

Vous pouvez aussi placé des boucles dans les boucles pour achever des rôles spécifiques, dans cet exemple nous utilisons une boucle for mais cela peut-être aussi fait avec une boucle while/do.

L'exemple sort une grille 2D, la boucle nested for-loop donne une autre dimension :

```c
//Prints a 5x5 grid
for (int y = 0; y < 5; y++)
{
        for (int x = 0; x < 5; x++)
        {
                //Prints an element of the row
                printf("X ");
        }

        //Moves down a row
        printf("\n");
}
```

Output
> X X X X X
> X X X X X

```
> X X X X X
> X X X X X
> X X X X X
```

Fonctions

Les fonctions sont les fondations d'un programme, elles permettent la réutilisation d'un code, la possibilité de le garder lisible et d'arrêter le programmeur de répéter le code. Répété un code est fortement déconseillé car les bugs seront répétés plusieurs fois et les modifications apportées au code doivent également être répétées. Les fonctions donnent une zone contrôlée centralisée qui traite des rôles distincts du programme.

Une méthode a deux éléments, **paramètres** (l'item passe dans la fonction) et le **return type** (la variable revient) ce sont deux options et vous ne pouvez pas avoir une fonction avec ni l'un ni l'autre.

Une fonction doit être défini comme démontré ci-dessous :

```
//Function definition
void Print_Smile()
{
        printf(":)\n");
```

```
}

int main()
{
        //Method call
        Print_Smile();


        return 0;
}
```

Et de cette manière cela serait incorrecte :

```
int main()
{
        //Method call [ERROR HERE]
        Print_Smile();


        return 0;
}

//Function definition
void Print_Smile()
{
        printf(":)\n");
```

```
}
```

Les fonctions paramètres :

Parfois cela pourrait être utile de passer des données dans un programme, il y a deux types de paramètres de passage, par **référence** et par **valeur.** Passer par référence est ce à quoi cela ressemble, il transmet une référence directe à une variable et non à une copie, de sorte que toute modification de cette variable passée l'affecte dans la fonction appelante. Passer par valeur est le passage d'une copie de cette variable, donc les changements apportés à cette variable n'affectent pas cette variable passée.

En passant par référence, cela n'est pas supporté directement par C, mais l'effet est possible en traitant des pointeurs (nous en parlerons dans la section avancée)

- Passer par la référence cela signifie modifier les effets des paramètres des variables passées.
- Passer par la valeur signifie la modification des paramètres n'affecte pas les variables passées.

Pour le moment passer par la valeur comme cela est fait ci-dessous ;

```c
void Add(int num1, int num2)
{
        //Adds values together
        int newValue = num1 + num2;


        //Prints result
        printf("The result is: %d", newValue);
}


int main()
{
        //Method call
        Add(10, 4);


        return 0;
}
```

Output/
> The result is: 14

Dans ce cas la fonction a deux paramètres intégrer qu'il faut à la fois et imprime le résultat. Ne regardez pas en profondeur dans l'instruction printf, nous verrons pourquoi "% d" est utilisé et comment utiliser printf plus tard.

Ci-dessous un autre exemple mais cette fois si une ligne est utilisée comme paramètre :

```
void PrintStr(char printData[])
{
        printf(printData);
        printf("\n");
}
```

"char printData[]" est la varible du paramètre et permet aux données d'être utilisé dans cette fonctio,, dans ce cas cela sort le char string. La méthode utilisée ressemble à ceci :

```
PrintStr("Flying Squirrel");
```

C'est une propriété incroyablement utile qui nous permet pour faire du code généraliste et changer sa sortie de fonction par ce qui est mis en paramètre.

Valeur de retour

Les valeurs de retours nous permettent de retourner des données depuis une méthode, cela nous laisse faire la computation dans une fonction et obtenir la fonction pour automatiquement retourner le résultat. Prenons l'un des exemples précèdent et adaptons le pour qu'il retourne le résultat au lieu de l'imprimer :

```
int Add(int num1, int num2)
{
        //Adds values together
        int newValue = num1 + num2;


        //Returned keyword
        return newValue;
}

int main()
{
        //Method call
        int storeResult = Add(10, 4);


        return 0;
}
```

Les zones qui sont modifiées ont été surlignées. Lorsqu'une valeur doit être retourné, le mot clé « retour » est utilisé, après que cette ligne a été exécutée, il retourne à la ligne où la méthode a été appelée de sorte que tout code sous le retour ne sera pas exécuté.

Le résultat renvoyé est ensuite stocké dans "storeResult" pour être utilisé ultérieurement. Le retour peut se produire avec n'importe quel type de variable. Je vais vous montrer un exemple ci-dessous qui vérifie si le nombre est une valeur paire (en utilisant l'opérateur de module mentionné ci-dessus qui trouve le reste d'une division) :

```c
_Bool EvenNumber(int value)
{
        if (value % 2 == 0)
        {
                //Return true
                return 1;
        }
        return 0;
}


int main()
{
        if (EvenNumber(2))
        {
                printf("Even number!");
        }
```

```
        if (EvenNumber(5))
        {
                printf("Even number!");
        }


        return 0;
}
```

Output:

>Even number!

Ce programme utilise la variable de retour de la méthode Even Number () comme conditionnelle pour l'instruction if et si c'est vrai, elle affichera "Even number!". Comme vous pouvez le voir sur la sortie, la première est imprimée mais pas la seconde.

Réapparition

La réapparition est un concept difficile et ne sera vu que très légèrement ici mais ces fonctionnalités et son réel usage seront expliqués dans la section avancé.

La réapparition est une définition de commandes dde fonctions impliquant une référence elle-même, oui oui je sais cela peut porter à confusion, mais j'utiliserais des exemples pour vous l'expliquer.

```c
const int maxLoops = 5;
void Sequence(int previous, int now, size_t loopCount)
{
        //Works out next value
        int next = previous + now;

        //Prints new value
        printf("New value: %d\n", next);

        //Increments counts
        loopCount++;

        //Stopping condition to make sure infinite looping doesn't
occur
        if (loopCount < maxLoops)
        {
                //Recursive call
                Sequence(now, next, loopCount);
        }
}
```

```
int main()
{
        Sequence(1, 1, 0);
}
```

Output:
>New value: 2

>New value: 3

>New value: 5

>New value: 8

>New value: 13

Il y a plusieurs choses à noter, le manque de boucles d'itérations, la réapparition dans son essence cause des boucles. La deuxième chose à noter est la déclaration if est étiquetée « condition stop », si les paramètres récursifs n'ont pas les conditions nécessaires pour les arrêter de tourner, ils continueront la boucle pour toujours, c'est donc un élément crucial pour utiliser la réapparition de manière effective. Si vous en comprenez pas tout pour le moment, ne vous inquiétez pas nous irons plus dans les détails plus tard dans la section avancée de ce guide.

Étalages

Les étalages ont été mentionné précédemment, c'est une donnée structure qui contient un ensemble de variable placé les uns à côté des autres dans la mémoire. L'étalage sera un type donné, par exemple « int ». Les étalages sont utilisés pour définir rapidement beaucoup de variables et les garder pertinentes ensemble. Un étalage est définis ci - dessous :

Une taille statique, avec la taille entre les crochets :

```
int lotsOfNumber[20];
```

Ou vous pouvez définir les valeurs à la définition, **Note :**la taille n'a pas besoin d'être défini car elle est automatiquement déterminée par le nombre de valeur que vous spécifiez :

```
int lotsOfNumbers[] = {1,3,4};
```

- **Les étalages commencent à 0** , ainsi le premier index a une valeur identitaire de 0, le second sera de 1 et ainsi de suite. Ce qui signifie lorsque vous accédez à des valeurs, vous devez vous rappeler qu'il est toujours inférieur au nombre de valeurs qu'il contient

Vous pouvez accéder à un index de cette manière :

```
int var = lotsOfNumbers[0];
```

Cela va récupérer le premier index du tableau et le placer dans 'var'.

Les étalages sont très utilisés pour accéder à données reliées rapidement, vous pouvez utiliser une boucle pour à travers les indexes et les utiliser en fonction. Voici un exemple ci-dessous :

```
int lotsOfNumbers[] = { 1, 3, 4, 10};
for (int x = 0; x < 4; x++)
{
        printf("%d\n", lotsOfNumbers[x]);
}
```

Output:
> 1
> 3
> 4
> 10

Dans C vous ne pouvez pas obtenir la longueur directement et vous devez la résoudre, cela peut-être fait simplement en utilisant le mot clé **machine** 64bit un **int** devrait être représenté par 4bytes donc **sizeof** retournera à 4. La longueur d'un étalage peut être travaillé de cette manière :

```
int arrayLength = sizeof(lotsOfNumbers) / sizeof(lotsOfNumbers[0]);
```

Cela prend la taille entière de l'étalage et le divise par le premier élément et la division donne combien d'index l'étalage peut contenir.

Étalage multidimensionnelle

Vous pouvez aussi définir une seconde dimension dans l'étalage ou même une troisième, cela donne plus de flexibilité lorsque vous travaillez avec les étalages. Par exemple, un étalage 2D pourra être utilisé pour stocker les coordonnées ou les positions d'une grille. Un étalage 2D est défini ainsi :

```
int arrayOfNumbers[][2] = { {1,1}, {1,1}};
```

Vous pouvez accéder à un élément en plaçant les valeurs entre crochets pour les coordonnées x et y :

```
int element = arrayOfNumbers[X][Y]
```

La différence évidente est que la deuxième dimension a besoin d'une valeur, ce qui ne peut être automatiquement résolue lorsque vous créez un étalage et que l'initialisation requiert des crochets imbriqués. Ci-dessous un exemple 3D :

```
int arrayOfNumbers[][][2] = {{{1,1},{1,1}},{{1,1},{1,1}}};
```

Mais à ce stage, cela commence à perdre de la lisibilité et cela est beaucoup mieux de pratiquer pour le présenter de cette manière :

```
int arrayOfNumbers[][][2] =
{
        {{1,1},{1,1}},
        {{1,1},{1,1}}
};
```

Passer des étalages en fonctions :

Comme nous l'avons vu quand nous avons appris sur les fonctions ci-dessus, passer des variables comme paramètres peuvent être très utiles et peuvent donc passer dans beaucoup de variables stockées en tant qu'étalage. Cependant, nous avons appris comment déterminer la taille d'un étalage ci-dessus, mais cela ne fonctionne pas avec un étalage passé comme paramètre, nous devons donc le passer dans une variable qui représente le nombre d'élément que l'étalage contient. Il y a un type de variable spécial utilisé pour contenir des variables, appelé **size_t** et c'est une valeur entière non signée (cela signifie qu'elle ne peut pas être négative) utilisé pour contenir des valeurs pour un compte.

Un exemple d'étalage passé en tant que paramètre ci-dessous :

```
void Print_SingleDimenArray(size_t length, int ageArray[])
{
        //Length is used to dynamically determine the for loop length
        for (int i = 0; i < length; i++)
        {
                printf("%d\n",ageArray[i]);
        }
}



int main()
{
        //An array of ages
        int ages[] = { 32, 11, 12, 1, 8, 5, 10 };

        //Size is determined as shown previously
        size_t ageLen = sizeof(ages) / sizeof(ages[0]);

        //Method call
        Print_SingleDimenArray(ageLen, ages);
}
```

Output
>32
>11
>12
>1
>8
>5
>10

L'étalage a été modifié et utilisé pour sortir des valeurs. La longueur de l'étalage est cruciale pour le programme puisque cela permet aux boucles pour travailler avec des étalages de différentes longueur.

- N'importe quel changement dans l'étalage dans n'importe quelle méthode modifiera la variable de l'étalage dans la méthode d'appel. C'est ce qui a été mentionné plus tôt en passant par la référence, l'étalage entier n'est pas copié et passé par référence avec un peu de supercherie.

Extra-Avancé

Cela n'est pas crucial pour votre compréhension mais je vais expliquer pourquoi déterminer la taille d'un étalage après qu'il soit passé comme paramètre ne donnera pas un résultat correct.

Lorsqu'un étalage est passé comme paramètre l'adresse de la position de mémoire du premier élément est passée (c'est un pointeur, promis nous verrons cela plus tard) et lorsque vous utilisez **sizeof** pour connaître la taille d'un étalage vous obtenez juste la taille de premier élément qui revient.

User input

Parfois il est nécessaire d'obtenir un input pour l'utilisateur, sous forme de nom ou au choix...Il y a plusieurs manières de le faire mais la méthode la plus rapide sont les fonctions **scanf()** et **printf()** .

Avant que nous voyons comment il fonctionne nous devons apprendre les types basiques d'identifiants pour **scanf()** et **printf() : (ceci n'est pas une liste compréhensive)**

Formatting ID	Valid Input	Type d'arguments utile
%c	Caractères simples, lire les caractères et ainsi de suite	char
%f	Valeurs flottantes	float

%d	Intégrer décimal	int
%o	Octal	int
%u	Entier décmal non signé (N'a pas de signe et est juste un int positive)	int
%x	Hexadecimal	int
%s	Lignes de caractères et continuera la lecture jusqu'à ce qu'un espace soit trouvé	char[]

Scanf() fonctionne en saisissant l'entrée de l'utilisateur et en la plaçant dans une variable:

```
char name[20];
scanf("%s", name);
```

Et voici un exemple de pour saisir une valeur intégrante

```
int userInputInt;
scanf("%d", &userInputInt);
```

Note : l'utilisation de « & » pour userInputInt. Cela signifie qu'il s'agit d'une référence exacte à l'emplacement mémoire de userInputInt et que la valeur lue par l'utilisateur est placée dans cette variable entière en l'ajoutant à cet emplacement mémoire.

Printf est utilisé pour afficher les informations sur la console pour débugger et utiliser les interfaces. **Printf** utilise également la même formation d'ID comme **scanf** et forme les ID pour les utiliser comme espaces réservés, l'exemple ci-dessous montre comment imprimer une ligne et l'intégrer respectivement :

Integer

```
int number = 10;
printf("%d", number);
```

String

```
char word[] = "Lemon";
printf("%s", word);
```

Cela forme les ID work comme espaces réservés et **printf** peut prendre de multiples paramètres en fonction de nombre d'ID de formation présent dans la ligne. Par exemple :

```
int number = 10;
char word[] = "Lemon";
```

```
printf("A fruit is: %s and here is a number: %d", word, number);
```

Chaque ID de formation est remplacé dans l'ordre par des paramètres, dans ce cas « %s » est remplacé par *work* et « %d » est remplacé par *number*. Cela peut fonctionner avec autant de nombre d'ID de formations que vous avez besoin.

Fputs()

Fputs() est la plus simple alternative lorsque **vous voulez juste sortir une ligne de caractères** de la console. **Fputs()** n'a pas besoin d'ID de formation car printf() l'utilise, il n 'a donc pas besoin de vérifier le formatage et est légèrement plus rapide. Il place automatiquement un '\ n'à la fin de la ligne imprimée.

Quiz chapitre 2

Cette section est conçue pour vous gardiez les pieds sur terre avec le contenu précédent, il y aura 10 questions auxquelles vous pouvez répondre pour tester vos connaissances, ci-dessous dans la section voisine seront les réponses.

1. Nommez un type de donnée utilisé pour contenir des nombres décimaux ?
2. Quelles sont les deux valeurs qu'un boolean peut contenir ?
3. Qu'est-ce qu'une déclaration de condition ?
4. Nommer les trois sections qui peuvent faire une boucle
5. Qu'est-ce que le mot clé **continue** achève ?
6. Est-ce qu'une fonction valide ne peux ne pas retourner une valeur, et si oui quelle type de donné est utilisé ?
7. Combien de paramètres une fonction peut avoir ?
8. Qu'elle est la différence entre **printf** et **puts** ?
9. Quel type est un input valide pour le formatage id « %d » ?

10. Quel code utiliseriez-vous pour trouver combien de valeurs un étalage peut contenir ?

Chapitre 3

Bases avancées

Pointeurs

Les pointeurs ont été mentionné précédemment et sont l'adresse mémoire d'une variable, cela ressemble beaucoup à l'adresse d'une maison d'une personne. Cela passer aux travers d'un paramètre et permettre les effets de passer par une référence mentionné précédemment.

Le programme ci-dessous montrera l'adresse d'une variable :

```c
#include <stdio.h>

int main()
{
        int var;

        printf("The address is: %ox\n", &var);
```

```
        return 0;
}
```

Output

> The address is: 10ffa2c

Note: This will be different almost every time you run

Note : la déclaration surlignée, le « & » (référence à l'opérateur) est utilisé pour retourner à la localisation de la variable dans la mémoire et permet certaines déclarations pour accéder aux données dans cette localisation. Le « %x » est utilisé car la localisation de la mémoire est une hexadécimale.

Pour créer un pointeur, nous utilisons l'opérateur de déréférencement (*), pour cela nous créons une variable pointeuse conçue pour contenir une localisation d'adresse dans la mémoire. Ci-dessous un programme qui crée un pointeur et utilise une référence d'opérateur (&) pour stocker une autre adresse de variable régulière dans le nouveau pointeur. L'opérateur de déréférencement (*) est aussi utilisé pour accéder ou modifier les données actuelles à cette localisation.

- L'opérateur de déréférencement (*) est utilisé pour créer un pointeur, il est aussi utilisé pour modifier la valeur actuelle.

- L'opérateur de référencement (&) est utilisé pour obtenir la localisation mémoire d'un pointeur.

```c
//Regular variable
int var = 10;

//Pointer
int* pointer;

//Storing of var memory location
pointer = &var;

//Pointer is now effecivly 'var' so
//things like this can happen
*pointer = 20;

printf("Var's value is now: %d", var);
```

Output

```
>Var's value is now: 20
```

NULL pointeurs

Lorsque vous créez un pointeur, initialement il n'a rien à pointer, cela est dangereux car lorsqu'il est créé il référence aléatoirement des mémoires et modifie les données et la mémoire de localisation peut crasher le programme. Pour prévenir de cela, lorsque vous créez le pointeur, nous luis assignons NULL comme ceci :

```
int* pointer = NULL;
```

Cela signifie que le pointeur a une adresse de « 0 », cela est un mémoire réservé pour identifier un pointeur null. Un pointeur null peut être vérifié par n'importe quelle déclaration :

```
if (pointer){}
```

Cela fonctionnera si le pointeur n'est pas null.

Utilisation de pointeurs

Maintenant voici un réel usage d'utilisation de pointeurs comme paramètres et effectivement les passer par référence. L'exemple ci-dessous montrera les effets :

```c
void Change_Value(int* reference)
{
        //Changes the value in the memory location
        *reference = 20;
}


int main()
{
        //Creates pointer to variable
        int var = 10;
        int* pointer = &var;

        printf("The value before call: %d\n", var);

        //Method call
        Change_Value(pointer);

        //Prints new value
        printf("The value after call: %d\n", var);
```

```
        return 0;
}
```

Output
>The value before call: 10
>The value after call: 20

Cela passe l'emplacement de la mémoire pas la valeur de la variable, ce qui signifie que vous avez l'emplacement où vous pouvez apporter des modifications.

A noter que le paramètre est **int*** étant le pointeur type, par exemple un pointeur pour un char serait **char***.

Pointeur Arithmétique

Il y a des moments ou bouger un pointeur à travers une autre localisation de mémoire , c'est là ou le pointeur arithmétique est utile. Si nous devions exécuter say **ptr ++** et que **ptr** était un pointeur entier, cela déplacerait 4bytes (Size d'un int), et nous devions l'exécuter à nouveau, 4 octets, etc. Cela peut signifier un pointeur (si pointant vers des structures de tableau valides) peut agir comme un tableau peut. Un exemple est ci-dessous :

```
int arrayInt[] = { 10, 20, 30 };
```

```
size_t arrayInt_Size = 3;


//Will point to the first array index
int* ptr = &arrayInt;


for (int i = 0; i < arrayInt_Size; i++)
{
        //Remember, *ptr gets the value in the memory location
        printf("Value of arrayInt[%d] = %d\n", i, *ptr);


        ptr++;
}
```

```
Output
>Value of arrayInt[0] = 10
>Value of arrayInt[1] = 20
>Value of arrayInt[2] = 30
```

Cela montre qu'un pointeur à la première adresse de l'étalage peut incrémenter à travers l'adresse de l'étalage (Rappelez-vous chaque valeur d'un étalage est stocké dans des localisations de mémoires voisines)

Vous pouvez faire l'opposer et décrémenter un pointeur i.e cela réduira la valeur du pointeur.

Il y a aussi une autre façon de comparer des pointeurs en utilisant des opérateurs relationnels comme == , < et > . L'utilisation la plus commune pour vérifier si deux pointeurs sont au même endroit :

```c
int value;

//Assigns ptr1 and prt2 the same value
int* ptr1 = &value;
int* ptr2 = &value;

//ptr3 is assigned another value
int* ptr3 = NULL;

if (ptr1 == ptr2)
{
        printf("ptr1 and ptr2 are equal!\n");
}

if (!ptr1 == ptr3)
{
        printf("ptr1 is not equal to ptr3\n");
}
```

Cela vérifie si différents pointeurs sont égaux. La même chose peut être faites avec > et <.

Les pointeurs fonctions

Comme vous le faites avec les variables, vous pouvez faire la même chose avec des fonctions, ci-dessous un extrait de code qui montre une fonction pointeuse défini. Les sections clés sont surlignées

```c
void printAddition(int value1, int value2)
{
        int result = value1 + value2;

        printf("The result is: %d", result);
}

int main()
{
        //Function pointer definition
        //<retrunType>(*<Name>)(<Parameters>)

        void(*functionPtr)(int, int);
        functionPtr = &printAddition;

        //Invoking call to pointer function
        (*functionPtr)(100, 200);
```

```
        return 0;

}
```

La structure basique pour définir une fonction pointeuse est :

```
<Return_Type> (*<Name>) (<Parameters>)
```

Ou dans ce cas :

<Return_Type> = void

<Name> = functionPtr

<Parameters> = int, int

Cette fonction pointeuse peut maintenant être passée comme paramètre et utilisé dans des situations où vous pourriez avoir envie de modifier le comportement du code mais avec presque le même code.

Un exemple pourrait être de choisir dynamiquement quelle opération une calculatrice devrait effectuer (Note: ceci est un code complexe et devrait être utilisé comme un exemple approximatif, donc ne vous inquiétez pas si vous ne comprenez pas complètement)

```
void calculator(int value1, int value2, int(*opp)(int,int))
{
        int result = (*opp)(value1, value2);
        printf("The result from the operation: %d\n", result);
```

```
}

//Adds two values
int add(int num1, int num2)
{
        return num1 + num2;
}

//Subtracts two values
int sub(int num1, int num2)
{
        return num1 - num2;
}

int main()
{
        calculator(10, 20, &add);
        calculator(10, 20, &sub);

        return 0;
}
```

Ici ce qui se passe est que nous passons la fonctions « add » et « sub » comme paramètres pour la fonction calculatrice, comme vous le voyez surligner le paramètre de la fonction est défini comme ci-dessus avec le type retour, nom et paramètre étant défini, tout ce qui est passé dans le calculateur est ajouté &add et &sub pour les fonctions pointeuses. La fonction calculatrice va ensuite pour appeler le pointeur et transmet les valeurs et renvoie le résultat.

Storage Classification

Dans C chaque variable peut donner une classe de stockage qui définit certaines caractéristiques.

Les classes sont :

- o **Variables automatiques**
- o **Variables statiques**
- o **Variables register**
- o **Variables externes**

<u>Variables automatiques</u>

Chaque variable que nous avons défini jusqu'à présent sont des variables automatiques, elles sont créés lorsqu'un fonction est appelée et automatiquement détruit lorsqu'une fonction existe. Ces variables sont aussi connues comme variables locales.

```
auto int value;
```

De même que :

```
int value;
```

Variables statiques

Les variables statiques sont utilisées lorsque vous voulez éviter que la variable ne soit détruite lorsqu'elle sort du cadre, cette variable persistera jusqu'à ce que le programme soit complet. La variable statique est créée une fois aux cours de la vie du programme. Ci-dessous un exemple de l'utilisation d'une variable statique :

```
void tick()
{
        //This will run once
        static int count = 0;

        count++;
        printf("The count is now: %d\n", count);
}
```

```
int main()
{
        tick();
        tick();
        tick();
}
```

Output
>The count is now: 1
>The count is now: 2
>The count is now: 3

La section surlignée est la définition statique et ne fonctionnera qu'une fois.

Variables register

Le répertoire est utilisé pour définir une variable qui doit être stocker dans la mémoire répertoire au lieu de la mémoire habituelle, la mémoire du registre des avantages, elle est beaucoup plus rapide d'accès mais il n'y a que de l'espace pour quelques variables.

Définir une variable register est fait de cette manière :

```
register int value;
```

Variable externe

Nous avons vu cela précédemment mais une variable globale est une variable non définie dans un cadre et par conséquent peut être utilisée n'importe où. Une variable externe est. Une variable définis dans un lieu séparé comme un autre dossier et le mot-clé **externe** est utilisé pour montrer que la variable est dans un autre dossier. Vous devriez inclure un autre dossier comme référence en plaçant ceci au début de votre dossier :

```
#include "FileName.c"
```

Ceci indique au programme de référencer également le dossier. A noter que le dossier à besoin d'être à la même localisation.

Program 1 [File_2.c]

```
#include <stdio.h>
#include "C_TUT.c"

int main()
```

```
{
        extern int globalValue;

        printf("The global variable is: %d", globalValue);

}
```

Program 2 (It is small) [C_TUT.c]

```
#include <stdio.h>


int globalValue = 1032;
```

The **Output** of running File_2.c:
>The global variable is: 1032

Cela montre que la **valeur globale (globalValue)** est référencée depuis C_TUT.c et utilisé dans un autre dossier en utilisant le mot-clé externe.

Dossier I/O

Il y aura des cas ou vous aurez besoin pour conserver les données après la durée de vie du programme, c'est là que l'enregistrement d'un chargement dans un fichier est utilisé. Il y a deux types de fichiers principaux utilisés

- Text Files
- Binary files

84

Pour commencer vous aurez besoin de créer un pointeur de type
« FILE » qui permettra la communication entre les dossiers et les
programmes. Cela devrait être fait de cette manière :

```
FILE* ptr;
```

Ouvrir un dossier

Si ce dossier existe déjà vous pouvez l'ouvrir et lire son contenu, ceci
serait fait en utilisant :

```
ptr = fopen(char* filename, char* mode)
```

Où :

Filename= le nom du dossier a ouvrir

Mode= c'est le mode pour ouvrir ke dossier, la liste de mode est ci-
dessous :

Mode	Description
r	Ouvrir le dossier pour la lecture

w	Ouvrir le dossier pour l'écriture, si le fichier n'existe pas un nouveau dossier est créé. Le programme commencera à écrire le contenu depuis le début du dossier.
a	Appending mode, di le fichier n'existe pas il est alors créé. N'importe quel changement sera ajouté à la fin.
r+	Ouvrir le dossier pour la lecture et l'écriture
w+	Ouvrir le dossier texte à la fois pour la lecture et l'écriture. Il tronque d'abord (coupe) la longueur du fichier à zéro s'il existe, s'il ne crée pas un nouveau fichier
a+	Encore une fois ouvrir le dossier pour la lecture et l'écriture. Si le dossier n'existe pas un nouveau est créé. La lecture commence au début mais l'écriture arrive seulement à la fin du dossier.

Fermer un dossier

Cette commande est simple et efficace, vous avez juste à lancer :

```
fclose(ptr);
```

Écrire à un dossier

Il y a deux manières différentes d'écrire à un dossier **fprintf()** et **fputs()** (comme les commandes de sorties de la console **printf()** et **puts().**) La seule réelle différence est que **fprintf()** vous permet d'utiliser l'ID formateur comme « %s » et **fputs()** ne le permet pas. Ce qui signifie que **fputs()** n'a pas besoin de vérifier le formatage et juste sortir la ligne exacte est plus rapide. **Fputs ()** ajoute aussi automatiquement une nouvelle line de caractères, (\n), a la ligne donné, presque comme **puts().** L'exemple ci-dessous montre comment ouvrir, écrire à et fermer un dossier :

```c
#include <stdio.h>

int main()
{
        //Creates the file pointer
        FILE* ptr;

        //Opens the file
        ptr = fopen("C:/C_IO/example.txt", "w+");

        //Writes to the file
        fprintf(ptr, "fprint()\n");
        fputs("fputs()\n", ptr);
```

```
        //Closes file
    fclose(ptr);
}
```

Cela créé un dossier dans le « C_IO » répertoire directement sur le drive de C (faites cela avant de lancer le programme). Il utilise le mode « w+ » donc à chaque fois que le programme est lancé les données dans le dossier sont substituées.

Vous pouvez aussi sauvegarder les valeurs en utilisant seulement **fprintf** comme :

```
fprintf(ptr, "%d\n", value);
```

- Ouvrir un dossier fopen()

- Écrire à un dossier

    o fprintf()

    o fputs()

- Fermer un dossier fclose()

Exercice

- Écrire un programme pour sauvegarder l'output d'une fonction add le sauvegarder dans C_IO sur C (ou votre disque dur principale) que vous avait fait plutôt et l'appelé « addSave.txt », utilisez 10 et 25 et vos valeurs.

Solution

Quelque chose comme ça, cela n'a pas à être exactement la même chose, il y a toujours différentes manières de faire les choses.

```c
#include <stdio.h>

int add(int num1, int num2)
{
        return num1 + num2;
}

int main()
{
        //Grabs the value to save
        int saveValue = add(10, 25);

        //Creates the file pointer
        FILE* ptr;

        //Opens the file
```

```
        ptr = fopen("C:/C_IO/addSave.txt", "w+");


        //Writes to the file – This is how printf works but without the
ptrn
        fprintf(ptr, "%d\n", saveValue);


        //Closes file
        fclose(ptr);
}
```

Récusions Suite

Nous avons vu les récusions dans la section des bases de ce guide et
encore une fois c'est la définition d'une tâche tâches avec une définition
à elle-même. Comme promis, il y a quelques autres exemples de
récusions expliqués ci-dessous :

```
int factorial(int x)
{
        int r;

        //Stopping condition
        if (x == 1)
        {
                //Has a conclusion so looping stop
```

```
                return 1;
        }
        else
        {
                //Recursive definition
                return r = x * factorial(x - 1);
        }
}


int main()
{
        puts("Please enter a number: ");

        //Reads in user input
        int a, b;
        scanf("%d", &a);

        //Starts the execution
        b = factorial(a);
        printf("The factorial is: %d", b);
}
```

C'est l'exemple de récusion le plus connu dans le monde pour trouver une factorielle d'un nombre (3 factoriel est 3x2x1). Il fonctionne par l'instruction return récursive ci-dessus, il s'arrête en ayant une instruction return sans définition récursive, c'est-à-dire lorsque x = 1 la fonction renvoie juste 1, cela signifie que la pile peut se dérouler et

trouver une réponse. Il y a un diagramme de flux ci-dessous :

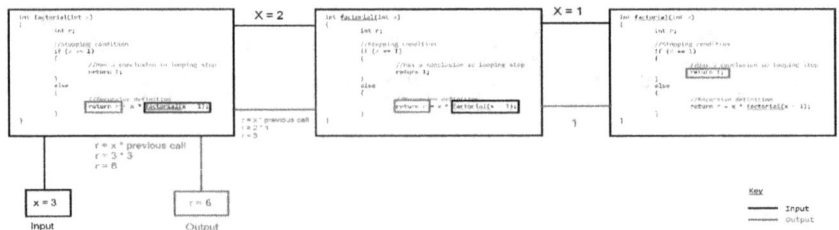

Questions chapitre 3

1. Que contient une variable pointeuse ?

2. Quel opérateur est utilisé pour montrer un pointeur ?

3. Que ferait « ++ » à un pointeur de type int avec un intégreur de 4bytes ?

4. Combien de fois une variable statique est initialisée à travers la vie d'un programme ?

5. Que se passe-t-il lorsque vous définissiez une variable comme « register » ?

6. Quelles sont les deux fonctions principales utiliser pour écrire à un dossier ?

7. Qu'est-ce que le mode fopen() w+ fait ?

8. Dans ce cas est ce que le code ci-dessous sera un succès. Pointeur est un intégreur pointeur

```
if(pointer)
{


}
```

9. Quand est ce qu'il est appelé « & » et que fait-il ?

10. Lorsque vous passez un étalage comme paramètre qu'est-ce que vous avez aussi besoin de faire ?

Chapitre 4

Structures customisées

L'aspect personnalisable des langages de programmation leur permet de jouer n'importe quel rôle sous le soleil et le programmeur peut manipuler et créer des structures conçues pour stocker et traiter des données.

Structure

Le premier objet défini par l'utilisateur que nous rencontrons est la « structure », ce qui permet le stockage personnalisé des données et sont définis comme suit :

```
struct Structure-Name
{
        //Statements
};
```

Où "statements" est la variable que la structure doit contenir. La structure permet un stockage personnalisé des données d'une manière significative, tout comme le tableau, la seule différence étant qu'un tableau stocke beaucoup de variables du même type que la structure permet de stocker plusieurs types, même d'autres structures.

Un réel exemple ci-dessous :

```
struct Person
{
        int age;
        char firstName[15];
        char lastName[15];
        char favoriteColour [10];
};
```

Cette structure est conçue pour contenir des données à propose d'une personne, une nouvelle personne peut être créer comme ceci :

```
struct Person p1;
```

C'est presque comme définir une nouvelle variable, l'exemple ci-dessous montre deux nouvelles personnes crées pour contenir contiennent des valeurs séparées et indépendantes les unes des autres :

96

```c
#include <stdio.h>

struct Person
{
        int age;
        char firstName[15];
        char lastName[15];
        char favoriteColour[10];
};

void PrintPerson(struct Person p)
{
        printf("First Name:     %s\n", p.firstName);
        printf("Last Name:      %s\n", p.lastName);
        printf("Favourite colour: %s\n", p.favoriteColour);
        printf("Age:            %d\n", p.age);
        puts("");
};



int main()
{
        //Person 1
        struct Person p1;
```

```c
        p1.age = 10;
        strcpy(p1.firstName,"John");
        strcpy(p1.lastName, "Doe");
        strcpy(p1.favoriteColour, "Red");

        PrintPerson(p1);

        //Person 2
        struct Person p2;

        p2.age = 25;
        strcpy(p2.firstName, "Lucy");
        strcpy(p2.lastName, "Brown");
        strcpy(p2.favoriteColour, "Yellow");

        PrintPerson(p2);
}
```

Output:

```
>First Name:       John
>Last Name:        Doe
>Favourite colour: Red
>Age:              10


>First Name:       Lucy
```

```
>Last Name:          Brown
>Favourite colour:  Yellow
>Age:               25
```

Pour copier une valeur de chaîne dans une variable de structure vous aurez besoin d'utiliser **strcpy()**. Ce code montre que chaque fois qu'une nouvelle personne est créé, de même qu'un nouvel ensemble de variables qui vont avec cette même personne. Cela donne un moyen très facile de créer des tas de variables significatives très rapidement. Notez également comment chaque variable est accédée, c'est en utilisant un arrêt complet (opérateur d'accès) :

```
personName.Variable
```

```
p1.age = 10;
```

Nested structures

Les structures peuvent aussi contenir d'autre structures, elles peuvent être soit : définis de façon interne ou externe.

C'est ici que vous définissiez une définition de structure dans une autre définition de variable de structure ?? Si nous utilisons l'exemple de la personne et que nous modifions le premier et dernier nom dans une structure :

```
struct Person
{
        int age;
        char favoriteColour[10];
        struct Name
        {
                char firstName[15];
                char lastName[15];
        } name;
};
```

Ou le premier nom est accédé comme ceci :

```
p1.name.firstName;
```

Définition externe

C'est presque la même chose mais la définition n'est pas dans une autre structure :

```
struct Name
{
        char firstName[15];
        char lastName[15];
};


struct Person
{
        int age;
        char favoriteColour[10];
        struct Name name;
};
```

Ici les premiers et derniers noms sont accédés exactement de la façon que la définition interne.

- Définition interne signifie que vous ne pouvez pas recréer la structure dans d'autres localisations mais vous pouvez les utilisez de manière interne.

- Définition externe signifie que vous pouvez l'utiliser de façon interne mais aussi dans d'autres lieux.

Cela nous donne un code plus modulable et encore plus lisible.

TypeDef

Typdef est un mot-clé fournit, ainsi vous pouvez customiser le nom de construction et les variables et structures définies par l'utilisateur. Je montre un exemple ci-dessous :

```
typedef int INTEGER;
```

Cela prend les données de type **int** et les donne à une autre personne comme INTEGRER, maintenant un INTEGRER est défini comme normal :

```
INTEGER value = 10;
```

Exemple réel

Un exemple réek ou cela pourrait être utile est la rétrocompatibilité dans les situations où les valeurs entières sont différentes. Ainsi vous pouvez définir le int comme ceci :

```
typedef int int32;
```

Utiliser int32 com int normalement et sur l'autre machine où vous aurez besoin d'une valeur int plus large vous modifierez la définition de cette manière :

```
typedef long int32;
```

Et le code continuera a fonctionné avec une faible dose de maintenance.

Enums

Une énumération signifie les types énumérés. Une numération est un type d'user défini qui permet la création des données types customisées. Un exemple ci-dessous :

```
enum Condition
{
        Working,
        NotWorking,
        Finished,
        Unknown
};
```

Cela définit une énumération appelé Condition ou chaque types possibles sont définis comme possibles état. Vous créez et utiliser un enum de cette manière :

```c
#include <stdio.h>

enum Condition
{
        Working,
        NotWorking,
        Finished,
        Unknown
};

int main()
{
        //Created
        enum Condition programCondition;

        //Assigned a value
        programCondition = Working;

        //Comparison
        if (programCondition == Working)
        {
```

```
                puts("All is good!");
    }
}
```

Ce programme montre comment vous pouvez créer une énumération, comment vous pouvez lui assigner une valeur et comment vous pouvez comparer sa valeur.

Les énumérations sont le plus souvent utilisées comme des booléens avec un contexte et des fonctionnalités supplémentaires. Il améliore la lisibilité et ajoute des états supplémentaires opposés à la nature binaire des valeurs booléennes. Les énumérations sont très efficaces pour suivre les données avec des valeurs limitées bien définies, comme le mois en cours ou le jour de la semaine.

Exercice

Créez une énumération qui traite avec les jours de la semaine et sort n'importe quel jour qui a été assigné (Indice : Un commutateur est très utile pour vérifier le jour actuel)

Solution

Cela devrait ressembler à cela :

```c
#include <stdio.h>

enum WeekDay
{
        Monday,
        Tuesday,
        Wednesday,
        Thursday,
        Friday
};
enum Condition currentDay;

int main()
{
        currentDay = Friday;

        switch (currentDay)
        {
        case Monday:
                puts("It's Monday!");
        case Tuesday:
                puts("It's Tuesday!");
                break;
        case Wednesday:
                puts("It's Wednesday!");
                break;
```

```
        case Thursday:
                puts("It's Thursday!");
                break;
        case Friday:
                puts("It's Friday!");
                break;
        }
}
```

Unions

Les unions sont des types de données spéciales qui permettent au programmeur de stocker différents types de données **dans le même emplacement**. Vous pouvez définir une union avec de nombreux membres données, **mais seulement une variable** peut contenir une valeur à la fois. Il y a une manière efficace d'utiliser le même emplacement de mémoire pour différents usages.

La structure d'une union ressemble à cela :

```
union Name
{
        //Variables
```

```
        int i;
        int y;
        char word[20];
        _Bool alive;
};
```

Et plusieurs copies peuvent être créés comme vous pouvez faire plusieurs versions d'une structure ou d'une énumération. Ceci est fait de cette manière :

```
union Name t1;
```

La taille de l'union est aussi large que la plus grande variable, pas si grande que toutes les valeurs à la fois, ce qui donne une manière efficace de stocker les variables une à la fois, à l'opposé d'une structure. En comparant les deux unions ci-dessus la taille est de 20 bytes, une structure avec exactement les mêmes variables devrait avoir une taille de 32bytes. Cela équivaudrait à une grande réduction de l'espace s'il est utilisé à une échelle beaucoup plus grande.

Les variables d'une union sont accessibles en utilisant l'opérateur d'accès membre (.) Et utilisées comme ceci :

```
union Name example;
```

```c
example.i = 10;

printf("i before assigned another variable a value: %d\n", example.i);


example.y = 25;

printf("i after assigned another variable a value: %d\n", example.i);

printf("y value for reference: %d\n", example.y);


strcpy(example.word, "Hello!");

printf("i after assigned a string a value: %d\n", example.i);

printf("y after assigned a string a value: %d\n", example.y);

printf("String variable: %s", example.word);
```

Output

>i before assigned another variable a value: 10

>i after assigned another variable a value: 25

>y value for reference: 25

>i after assigned a string a value: 1819043144

>y after assigned a string a value: 1819043144

```
>String variable: Hello!
```

Comme vous pouvez le voir modifier la valeur d'une valeur affecte toutes les autres variables, c'est la chute des unions si elles ne sont pas utilisées correctement et ont besoin d'être gérer avec beaucoup d'attention, ainsi les erreurs n'arrivent pas dû aux changements de variables.

Liste d'arguments de variable

Vous pourriez tomber sur un problème qui pourrait nécessiter une fonction avec de nombreux paramètres, c'est là qu'interviennent les arguments de variables, car cela permet une quantité dynamique de variables passées en tant que paramètres.

Note :

Un nouvel ajout est requis pour cela :

```
#include <stdarg.h>
```

Ajoutez cela lorsque vous utilisez un argument de variable.

Vous concevez la méthode de cette manière :

```
void function(int noOfVariables, ...)

..

..
```

Où il y a toujours une variable définissant le nombre de variables suivi par les variables. Les variables en plus sont assignées à quelque chose appelé *va_list* , ces listes sont manipulées avec ces fonctions :

```
va_start(va_list valist, int numberOfVaribles);
```

va_start prend effectivement les variables en plus et les place dans la loste va_list

```
va_arg(valist, type);
```

va_arg prend la prochaine variable et la retourne, il ne sait pas si l'entier actuel est le dernier donc la configuration du programme doit être configurée pour s'assurer qu'il ne déborde pas.

```
va_end(valist);
```

va_end nettoie simplement la mémoire de va_list

Ci-dessous un exemple qui trouve la plus grande valeur :

```c
#include <stdio.h>

#include <stdarg.h>


int max(int n, ...)

{

        int largest = 0;


        //Creates an assigns

        va_list valist;

        va_start(valist, n);


        //loops through variable list

        for (int i = 0; i < n; i++)

        {

                //Grabs the next arg

                int nextVar = va_arg(valist, int);
```

```c
        //Compares size of values || The first value is assigned
to be the largest value

        if (nextVar > largest || i == 0)

        {

            largest = nextVar;

        }

    }


    //Frees up memory

    va_end(valist);


    return largest;

}


int main() {

    printf("Largest: %d\n", max(6, -2,3,4,5,66,10));

    printf("Largest: %d\n", max(3, 7, 2, 1));

}
```

Ce programme montre comment la nature dynamique de la liste de variable peut être très utile.

Exercice

Créer un programme utilisant les listes de variables qui retourne la moyenne (produit de tous les nombres/ combien de nombres) d'une variable **int** fournit.

Créer une méthode appelée « average=moyenne » qui retourne *à float*, cela sera votre variable de fonction. Et n'oubliez pas d'inclure :

```
#include <stdarg.h>
```

Solution :

Cela devrait ressembler à cela :

```
#include <stdio.h>
```

```c
#include <stdarg.h>


double average(int n, ...)

{

        double total = 0.0;


        //Creates variable list

        va_list vaList;

        va_start(vaList, n);


        //Grabs each variable

        for (int i = 0; i < n; i++)

        {

                //Same as: "total = total + va_arg(vaList, int);"

                total += va_arg(vaList, int);

        }


        //Clean up!

        va_end(vaList);
```

```c
        double avg = total / n;

        return avg;

}


int main()

{

        //%f for a float

        printf("Average: %f\n", average(4, 1,2,77,4534));

}
```

Cela ressemble beaucoup à l'exemple des valeurs maximales, il a va_start, va_arg et va_end

Exercice chapitre 4

1. De quelle fonction a-t-on besoin pour copier une ligne dans une variable qui convient ?

2. Qu'elles sont les deux manières qu'un structure puisse être imbriqué ?

3. A quoi sert le mot-clé « typedef » ?

4. A quoi servent les énumérations ?

5. Quel est l'inconvénient d'une structure union ?

6. Que détermine la taille d'une union ?

7. Que contient une va_list ?

8. Qu'est ce qui est utilisé pour montrer que la fonction est utilisée comme une liste d'argument ?

9. Quel opérateur est utilisé pour accéder aux membres d'une structure ?

10. En quoi diffère une structure et un étalage ?

Chapitre 5

Propriétés avancées

Dossier en-tête

Un dossier en-tête est une liste de fonction, variables et macro définitions qui peuvent inclure et être utiliser dans différents dossiers. Un dossier en-tête est spécifié par l'extension **.h** dans le nom du dossier. Ils sont inclus dans d'autres dossier en utilisant le **#include** (pre-processor directives) et le nom du dossier (« hearder.h »). Il y a des dossiers en-tête customisés que les programmeurs peuvent créer et aussi construire des dossiers en-tête qui viennent avec le compiler, presque com « **stdio.h** » que nous avons vu dans la section précédente.

Pour créer un dossier en-tête tout ce dont vous aurez besoin de faire est de créer un dossier avec l'extension **.h** , cela peut-être fait simplement depuis le notepad, ce dossier en-tête peut maintenant être inclus avec un autre dossier pour lier et utiliser les propriétés du dossier en-tête.

Ci-dessous un exemple

```
header.h
int x = 10;


int Function()

{

        return x;

}
```

Peut etre inclus et utilisé de cette manière :

```
#include <stdio.h>
#include "header.h"


int main()

{

        printf("%d", Function());

}
```

Output

>10

Cela permet au programmeur de faire des modules qui peuvent être réutilisés entre des projets.

Une possible utilisation de dossier en-tête est ci-dessous :

```
int add(int num1, int num2)
{
        return num1 + num2;
}
int sub(int num1, int num2)
{
        return num1 - num2;
}
int div(int num1, int num2)
{
        return num1 / num2;
}
int mul(int num1, int num2)
{
        return num1 * num2;
}
```

Encore une fois, le calculateur retourne l'exemple, un dossier en-tête pourrait être une liste de fonction qui pourrait être inclus pour permettre l'utilisation de ces fonctions.

Pre-Processor directives

Les pre-processing sont utilisés pour donner aux compilateurs un type de commande, vous rencontrez déjà plusieurs fois une commande '#include' qui indique au compilateur d'inclure un certain fichier d'en-tête.

Ci-dessous une liste de directives de processeur, nous verrons elles fonctionnent toutes :

Directive	Description
#define	Utilisé pour définir une macro
#include	Inséré un dossier en-tête particulier depuis un autre dossier
#undef	Annule les effects de #define
#ifdef	Retoune vraie si macro est définie
#ifndef	Retune vraie si la macro n'est pas définie
#if	Test si la condition d'un temps de compilation est vraie
#else	L'alternative pour #if
#elif	#else et #if dans une déclaration

#endif	Termine la condition pre-processor

#define et #undef

Ces commandes sont utilisées lorsque des valeurs globales sont utilisées pour augmenter la rentabilité, par exemple :

```
#define LOOP_NUMBER 2;
```

Pourrait être défini de cette manière :

```
for (int i = 0; i < LOOP_NUMBER; i++)
{
    //Loop code
}
```

Et la boucle pour pourrait tourner deux fois, mais vous ne pouvez pas modifier la valeur comme vous le feriez avec une variable normale,

c'est constant à travers la vie du programme sauf **#undef** qui est utilisé pour indéfini l'ensemble de valeurs.

#undef est normalement utilisé pour pour remplacer les directives build dans lesquelles vous ne définissez pas une valeur, puis définissez une valeur de votre choix.

#ifdef et #if

#idef et **#ifndef** reviendra vraie et faux respectivement si une macro est défini, l'usage le plus commun utilisé pour vérifier si le drapeau DDEBUG a été installé et lancé le code en mode DUBUG qui n'a pas d'utilisation dans le programme terminé. Il est utilisé de cette manière :

```c
#include <stdio.h>

int main()
{
#ifdef DEBUG
        puts("DEBUG!");
#endif
}
```

Ce code tournera seulement si le code est marqué comme mode debug. Cela peut être très utile pour un programmeur.

#if, #else et #elif fonctionne exactement de la même manière que les déclarations mais sont utilisés pour vérifier la macro avec les expressions arithmétiques plutôt que vérifier leur existence.

Maintenance d'erreurs

La maintenance d'erreur est une section importante, car un programmeur a besoin d'être sûr que son programme est préparé à fonctionner avec des erreurs attendues et inattendues. C ne fournit pas de support direct pour la maintenance d'erreur mais permet l'accès à certaines fonctions de faible niveau. La plupart des fonctions reviendront -1 ou NULL s'il y a une erreur et installer le code d'erreur **errno** qui est une variable globale qui contient le dernier code d'erreur de retour.

Vous aurez besoin d'inclure le dossier en-tête <errno.h> pour utiliser la fonction de maintenance d'erreurs.

```
#include <errno.h>
```

Il y a quelques fonctions qui vous permettent d'utiliser un code d'erreur de compréhension.

Perror()

Fonction d'affichages des lignes que vous passez et attachez à la fin de la représentation textuel du code d'erreur stocker dans **errno**

Strerror()

Retourne au point de représentation textuelle de la valeur d'**errno**. Ceci peut être utilisé pour sauvegarder le retour d'erreur.

Stderr file stream

Stderr est utilisé pour sortir une erreur de la console

L'usage est ci-dessous

```c
#include <stdio.h>
#include <errno.h>

extern int errno;

int main() {

        FILE * file;
        int errnum;
```

```c
//Looks for file
file = fopen("youWillNotFindMe.txt", "rb");


//If the file returned an error
if (file == NULL)
{
        //Grabs error code
        errnum = errno;

        //Prints error code
        fprintf(stderr, "Value of errno: %d\n", errno);

        //Returns string provided + : and Error code message
        perror("Error printed by perror");

        //Grabs the error text
        char* errorMsg[] = { strerror() };
        printf("Error msg test print: %s", *errorMsg);
}
else
{

        fclose(file);
}
```

```
        return 0;
}
```

Ci-dessus un exemple de quelques maintenances d'erreurs. Lisez-le et comprenez-le, la maintenance d'erreur est très importante.

Ci-dessous un autre exemple de prévention de l'erreur classique de diviser par zéro :

```c
#include <stdio.h>
#include <errno.h>

extern int errno;

int divide(int x, int y)
{
        if (y == 0)
        {
                //Prints error
                fprintf(stderr, "Diving by zero error..!");

                //Returns error code
                return -1;
        }
```

```
        else
        {
                //If valid returns even
                return x / y;
        }
}

int main()
{
        int returnCode = divide(0, 2);
}
```

Type casting

Les variables ont des types définis, mais il y a des situations où vous aurez besoin de les convertir d'un type à un autre. Très couramment serait la conversion entre entier à un *flotteur* ou *double*.

Le format général est comme ceci :

```
(type)varToCast
```

Cela peut être utilisé de cette manière :

```
int main()
{
        int integer = 3;
        float decimal = 1.5f;


        int result = (int)decimal + integer;
        printf("%d\n", result);
}
```

Output
> 4

Que se passe-t-il si n'importe quelles valeurs décimales sont coupées (enlevées) et que le reste est ajouté à la valeur intégrante.

Vous pouvez aussi améliorer une valeur, cet exemple montre quand un intégreur est amélioré à un float

```
int main()
{
        int integer = 3;
        float decimal = 1.5;

        //Explicit casting
        float result = decimal + (float)integer;
```

```
        printf("%f\n", result);


        //Implicit casting
        float result = decimal + integer;
        printf("%f\n", result);
}
```

Cela peut être fait soit implicitement ou explicitement. Implicitement lorsque le compiler convertit automatiquement la variable et explicitement lorsque vous utilisez le casting operator. C'est cependant un entraînement très utile pour spécifier un cast peut importer quand cela est nécessaire.

Management de la mémoire

C permet au programmeur de gérer dynamiquement la mémoire. Cette fonctionnalité est fournie par :


```
#include <stdlib.h>
```


Gérer la mémoire nécessite d'utiliser quelques fonctions :

- **void *calloc(int num, int size);**

  o Cette fonction attribue un étalage (taille spécifiée par **num**) et la taille de chaque attribut est spécifié par la taille

- **void free(void *address);**

  o Cette fonction libère de la mémoire, le lieu est spécifié par **l'adresse**

- **void *malloc(int num);**

  o Cette fonction fonctionne comme **calloc** mais laisse les localisations non initialisées

- **void *realloc(void *address, int newsize)**

  o Cette fonction ré-attribut la mémoire à une taille spécifié dans **newsize**

Ci-dessous un exemple d'utilisation de **malloc ou calloc** pour attribuer la mémoire d'une ligne :

```
#include <stdio.h>
```

```c
#include <stdlib.h>

#define WORD_SIZE 20

int main()
{
        char* word;

        //Allocates memory
        word = malloc(WORD_SIZE * sizeof(char));

        //or

        word = calloc(WORD_SIZE, sizeof(char));

        //Copies values over
        strcpy(word, "Hello nice to meet you!");

        //Printing
        printf("The string is: \"%s\"", word);

        //Deletes memory
        free(word);

}
```

Ceci peut être utilisé pour faire des choses assez complexes, comme prendre dans un input user et stocker un étalage d'exactement la même taille pour la ligne :

```c
#include <stdio.h>
#include <stdlib.h>

#define WORD_SIZE 20

char* getInput()
{
        //Will be deleted
        char temp[50];

        //User input
        printf("Please enter your first name: ");
        scanf("%s", temp);
        puts("");

        //strlen() finds lenght of a string
        int len = strlen(temp);

        //Dynamic allocation of memory
        char* perfectSizeWord;
```

```
        //Allocates memory!
    perfectSizeWord = calloc(len, sizeof(char));

        //This command would not work, it takes the memory location
of temp and just copies it so when
        //this function goes out of scope so does perfectSizeWord
        ///perfectSizeWord = temp

        //Copies the values properly
    for (int i = 0; i < len; i++)
    {
            perfectSizeWord[i] = temp[i];
    }

        //Size comparason
    printf("Size of temp var:              %d\n", sizeof(temp));
    printf("Size of new perfect var:       %d\n",
sizeof(perfectSizeWord));

    return perfectSizeWord;
}


int main()
{
        //Gets returned variables
```

```
      char* word = getInput();


      //Prints
      printf("The word is:                    %s\n", word);


      //Delets memory
      free(word);
}
```

Le programme ci-dessus est large, prenez votre temps et étudiez le bien. Essayez de l'implanter et de comprendre comment il fonctionne.

Exercice :

Utilisez la maintenance d'erreur techniques ci-dessus pour gérer l'erreur pour attribuer de la mémoire avec **malloc** ou **calloc**. Pour stimuler une erreur juste écrivez word=NULL ; après l'attribution de la mémoire dynamique.

Utilisez ce cadre de programme ci-dessous pour vous aider :

```
#include <stdio.h>
#include <errno.h>


int main()
{
```

```c
        char* word;


        //Allocates memory
        word = malloc(20 * sizeof(char));


        //ERROR SIMULATE
        word = NULL;


        //-----------------PUT ERROR CODE HERE--------------------
---


        //Deletes memory
        free(word);


}
```

Solution

Très simple et tout est inclut dedans :

```c
#include <stdio.h>
#include <errno.h>


int main()
{
        char* word;


        //Allocates memory
```

```c
word = malloc(20 * sizeof(char));

//ERROR SIMULATE
word = NULL;

if (word == NULL)
{
        fprintf(stderr, "Error: Unable to allocate the memory!");
}

//Deletes memory
free(word);

}
```

Exercice chapitre 5

1. Comment dites-vous au compiler d'utiliser d'autre fichiers provenant de la librairie ?

2. Quelle extension a dossier en-tête a besoin d'utiliser ?

3. A quoi sert #define ?

4. Qu'est-ce que #include a besoin pour la maintenance d'erreur ?

5. Qu'est ce qui est contenu dans la variable globale **errno** ?

6. Qu'est-ce que strerror() retourne ?

7. Quel dossier stream est requi pour sortir une erreur ?

8. A quoi servent les types castings ?

9. Qu'elle est la différence entre **calloc** et **malloc** ?

10. Quelle sera normalement la réponse d'une fonction qui rencontre une erreur?

Réponses chapitre 2

1. Float or Double

2. True (1) and False (0)

3. Une déclaration désigné pour vérifier si la condition est vraie ou fausse

4. Déclaration, condition et itération.

5. Sauter une itération entière

6. Oui ça l'est en utilisant le mot-clé void.

7. Théoriquement non limité

8. Printf utilise des id de formatage, puts n'utilise pas d'id de formatage et met automatiquement un '\ n' ajoute la fin de la chaîne

9. Valeur integer

10. *int arrayLength = sizeof(lotsOfNumbers) / sizeof(lotsOfNumbers[0]);*

Réponses chapitre 3

1. Une localisation de mémoire pour un certain type de variable

2. Les opérateurs de déférencement

3. Cela bougera de 4bytes à travers la prochaine localisation de mémoire.

4. Seulement une fois

5. La variable est stocké dans l'index de la mémoire pour avoir un accès plus rapide

6. fprintf() and fputs().

7. Ouvrez le dossier pour la lecture et l'écriture et réduisez la taille du dossier à zéro si cela existe et crée le s'il n'existe pas.

8. Si le pointeur est noté NULL

9. Est appelé la référence opérateur et est utilisé pour accéder ou retourner à l'adresse de la mémoire

10. *La taille de l'étalage est préférable à la variable* **size_t**

Réponses chapitre 4

1. strcpy() est nécessaire.

2. Défintion interne et externe

3. Utilisé pour donner aux variables et aux users des noms customisés des structures

4. Type énumérée

5. Seulement une variable dans une union peut contenir une variable à la fois

6. Une union est aussi grande que la plus grande variable

7. La liste de variables passée dans une fonction de variable

8. Une ellipse à la fin de la liste des paramètres.

9. L'opérateur membre désigné par un point (.)

10. Un étalage stocke des variables du même type, une structure stocke des variables de n'importe quel type.

Réponses chapitre 5

1. Utiliser la directive #include

2. Un dossier en-tête utilise « .h »

3. #define est utilisé pour créer une définiton globale de valeur constantes

4. #include <errno.h>

5. La dernière erreur de code qui a été jeté sera stocké ici

6. La représentation textuelle du code erreur stocké dans errno

7. Le dossier stream est : "stderr"

8. Utilisé pour modifier une variable en une autre.

9. Lorsque **calloc** attribue une mémoire à la valeur initiale , **malloc** ne le fait pas

10. *NULL or -1*